资深阅读推广人　怪兽叔叔

孩子是父母的"心肝宝贝"，但怎样教导孩子认识身边潜伏的危机？如何提高警觉，加强保护自己的能力？可白老师这套《保护自己有绝招》共教给孩子"48招必备防身秘籍"，让小朋友学会运用智慧随机应变，化险为夷，绝对是父母的好帮手！当然这套书也需要父母陪孩子一起看，一起讨论，给予具体的指导，这样孩子才能保护自己，让父母不再担心。

儿童文学作家　方素珍

打开电视新闻，时常会见到孩子意外受伤、被骗受害，甚至受虐等报道，真的很让人心痛，也不禁让人怀疑：身为大人的我们，对此究竟能做些什么？很高兴看到可白的《保护自己有绝招》全新版本。这套书多年来就像都市生活的小百科，引导天真可爱的孩子拥有危机意识，并学会一些自救本领，是有小孩的家庭必备的亲子防身宝典！

这套《保护自己有绝招》是一份贴心而周到的成长礼物。作者可白由于有着切身经历，拿出极大的诚意与心力调查、研究孩子成长过程中可能遇到的安全问题，因而书中无处不蕴藏着一位母亲的爱心与耐心、一位教育者的责任感与使命感。怀着保护每个孩子健康成长、每个家庭团圆幸福的初衷，作者创作了这本适合孩子阅读的安全防护图书，小到家用电器的处理、夜间出租车的乘坐原则，大到公共场所的安全隐患、校园欺凌的应对方法，各种安全问题条分缕析，几乎面面俱到，俨然一本全方位的避险指南。

图书在版编目（CIP）数据

保护自己有绝招.②，校园安全/可白著；徐建国绘.-- 乌鲁木齐:新疆青少年出版社，2020.4（2020.8重印）
ISBN 978-7-5590-5925-3

Ⅰ.①保… Ⅱ.①可… ②徐… Ⅲ.①安全教育－青少年读物 Ⅳ.①X956-49

中国版本图书馆CIP数据核字(2019)第242876号

版权登记：图字29-2019-023号

保护自己有绝招② 校园安全　　可白/著　徐建国/绘

出 版 人	徐　江		策　　划	许国萍
责任编辑	许国萍　尚志慧		特约编辑	张贵勇
封面设计	师　岚		美术编辑	杨　斌
封面插图	魏　虹		法律顾问	王冠华　18699089007

新疆青少年出版社

（地址:乌鲁木齐市北京北路 29 号　邮编:830012）

印　　刷	北京联合互通彩色印刷有限公司		经　　销	全国新华书店
开　　本	710mm×1000mm　1/16		印　　张	10
版　　次	2020年4月第1版		印　　次	2020年8月第2次印刷
字　　数	35千字		印　　数	6 001-11 000 册
书　　号	ISBN 978-7-5590-5925-3		定　　价	38.00元

保护自己有绝招②

CHISO 新疆青少年出版社

出版者的话

亲爱的家长和老师：

我们知道，您爱您的孩子，您也希望他们相信，这是一个充满爱的世界。但是，我们时常会看见令人心痛的新闻：有孩子被人贩子拐走；有孩子遭遇校园霸凌；有孩子被熟悉的大人伤害；有孩子连在学校上个厕所都发生意外……除此之外，上学途中被抢、在游乐场受到伤害、独自在家时发生意外等，也是较为常见的事情。

不过仔细想一想，不难发现，这些意外其实大多是可以避免的，只要孩子们能时时保持适度的戒心。

多年前，可白老师在经历一次"孩子险些遇害"的惊恐之后，深感儿童安全教育的不足，于是花了很多时间，搜集一切有关日常生活中机智应变和有效防身的资料，并向专家一一求证，实际演练，再将它们编写成轻松有趣的生活故事——《保护自己有绝招》。故事中的小朋友都在惊险的危机中，运用绝招死里逃生，反败为胜，转危为安。孩子们看了这套书以后，能了解身边潜伏的危机，提高警惕，而不再变得畏首畏尾。相反，他们能更有信心，更勇敢地生活在这个世界上。《保护自己有绝招》将孩子在家中、校园、户外可能遇到的伤害用故事的形式一一讲述，并提供相应的解决办法；之后，针对故事提出问题，引导孩子进一步思考，既是对故事的回顾，又是对解决方案的复习。

　　这是一套给孩子的自救宝典，它为孩子提供了切实的自救绝招，我们会以最严肃的态度，尽最大的努力将这套书精彩呈现。

建议小朋友

慢慢看，看出每篇故事里暗藏的玄机，你将学到很多绝招，从此远离危险，也没有人敢轻易欺负你。

建议家长

陪孩子一起看，讨论每篇故事后面的"让我们想一想"栏目。因为安全教育没有百分之百标准的答案。如果能依据家庭环境，给予具体的指导，孩子将会用最适合的方式保护自己，让家长不再担心害怕。

建议老师

讲故事给小朋友听，或者安排他们上台演练，分享心得与自身的相关经验。这将是一门生动、精彩的安全教育课，让小朋友学会活用这些绝招，终身受用。

这虽然是一本故事书，但你最好用心读，画重点读，再把它放在书桌上，常常翻阅。

因为，也许有一天，它可以救你一命，或帮你救别人的命。

写在书前

请问小朋友：

发生校园霸凌时，到底应该怎么做呢？

你知道过马路时要注意什么吗？骑自行车上学时，为什么要注意系好鞋带？

你会带大量的钱去学校吗？如果非得带钱去学校，你会把钱放在哪里？如果带的钱被偷了，该如何处理？

有同学经常向你勒索要钱，你有办法对付他吗？

上下学的路上，遇到小流氓勒索、抢

劫，你又该如何应对？

　　课间休息时，在拥挤的人群里尖叫笑闹着下楼梯，容易发生什么危险？万一真的被挤倒了，你如何自保？

　　这套书里的故事会告诉你所有问题的答案和许多应变的绝招。别忘了，看完故事，一定要看看"让我们想一想"，再和老师或父母讨论讨论！

目录

我不会再丢东西了

"爸！我们班上有小偷！"小鼎放了学，一进门就气呼呼地大叫。

"真的？"弟弟、妹妹听了，立刻围了上来。

小鼎口水横飞地说："今天我们班长带了500块钱放在书包里，中午要去买面包的时候，发现钱不见了。我们老师搜遍每个人的书包和口袋，都找不到。"

"当然找不到了！"弟弟眨眨眼睛，笑

嘿！我把所有东西都做了记号，这样就不会搞丢了！

哇！聪明！

我连钞票上都画图当记号！

画那么大，算是损毁钱币吧……

着说，"只有笨小偷才会把偷来的钱放在身上呢。要是我啊……"

"你会放在哪里？"妹妹好奇地问。

"喂，喂，你们干吗？也想当小偷吗？"小鼎打断他们的话，说，"那个贼真的很可恶，连我放在铅笔盒里的十块钱也一起偷走了。"

弟弟"啊"了一声，说："你怎么会把钱放在铅笔盒里？分明是给小偷制造机会！

我们老师说，零钱要放在有拉链的口袋里，不能放在书包或铅笔盒里；要是带了大额钞票去学校，一定要向老师说明理由，并交给她保管。"

"丢了钱，还是我的错不成？"小鼎不服气地说，"那个小偷太可恶了，不但偷钱，连课本、文具也偷啊！"

"偷文具的小偷？我们班也有。"妹妹连忙把书包抱来说，"这学期开学的时候，我们班天天有人丢橡皮擦、自动铅笔，找也找不着。老师就叫我们把自己的东西做上记号，果然就不会丢了。你看！"

妹妹说完，把书包里的东西倒了出来。

小鼎一看，妹妹的书本、笔记本全盖了

印章，垫板、橡皮擦和圆珠笔上也都用记号笔写了她的学号。

"我的东西也做了记号。"弟弟看了，也要去抱书包。

小鼎连忙摇摇手，说："够了，够了，我不要看。"

这个时候，爸爸拿来一件西装，翻出衬里口袋上的名字，说："你一定要看，因为所有的东西都是我辛辛苦苦赚钱买来的。告诉你，我连办公室用的茶杯、毛巾、圆珠笔都做了记号，这样才不会跟别人的搞混。你们小朋友的学习用品，看起来都差不多，根本分不清是谁的。有些小孩'顺手牵羊'尝到甜头，以后就'故意牵羊'，变成小偷。

你们带一大堆钱去学校，又放在别人容易拿到的地方，搞丢了，不但不值得同情，还该'判刑'，因为这是故意引诱别人犯罪。我问你，收红包的人该罚，送红包的人是不是更该罚……"

"我知道了，爸爸，我以后会小心。我现在就把我的文具做上记号。"小鼎拎起书包，逃回房间。弟弟、妹妹也一个个跟着开溜，因为爸爸训起人来就没完没了！

? 让我们想一想

★为什么带到学校的文具一定要做记号？

★钱放在铅笔盒里最安全，对不对？

★你要是非得带钱去学校不可，应该放在
　哪里？和父母讨论讨论。

★如果你带钱到学校，真的被偷了，又该
　如何处理？

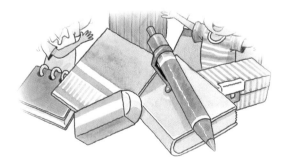

我不喜欢你缠着我

胖子是三年八班最不受欢迎的人物，因为他喜欢从后面把人家抱起来转圈圈。

胖子的力气很大，两条胳臂又粗又壮，常常把人抱哭了还不肯放手。他不但抱男生，连女生也敢抱。老师多次警告他，可他就是不改，不到三天，他的老毛病又犯了。

上星期，班上转来一位女同学，名叫柔柔。柔柔长得很秀气，瘦瘦的，一副弱不禁风的模样，才来三天，就被胖子吓得东躲西

藏。上课的时候，班长举手报告老师，老师很生气，立刻叫胖子起来罚站，还要他向柔柔道歉。没想到，柔柔竟然站起来，说："老师，不必叫他道歉了，只要叫他以后别再抱我就好。要不然，我可就不客气了。"

同学们听了都哈哈大笑，以为柔柔是吹牛大王。老师也忍不住笑起来，说："好！好！好极了！他要是敢再欺负你，你就马上告诉我，千万不要客气。"

胖子挨骂以后，果然乖了两天，不过没多久又开始四处抱人了。

星期四上午，第三节是体育课，大家到操场集合。柔柔正好走在胖子前面，胖子发现了，"嘿嘿"两声，就张开双手往前抱。

没想到，就在这一瞬间，柔柔用很快的速度把手肘向两侧一抬，又用后脑向后猛撞，不但即刻挣脱胖子的双手，还一头撞在胖子的鼻梁上，痛得胖子当场蹲下，捂着鼻子哭起来。

教体育的宋老师见了，走过来问是怎么回事。同学们纷纷指着胖子，说："是他先抱柔柔的。"

宋老师把胖子扶起来，一边检查胖子有没有受伤，一边问柔柔："刚才那招真不错！你从哪里学来的？"

柔柔一本正经地回答："是我舅舅教的！他是警察，教给我好多防身术，刚才这招叫'金蝉脱壳'，反应要快，刚被抱住就

使出来才有用。"

柔柔一边说一边有模有样地演练刚才的动作，又用脚跟往地上一踩，说："要是已经被坏蛋抱紧，可以先用脚跟踩他的脚，趁他转移注意力的时候再设法抬起手肘挣脱。"

"太牛了！"同学们惊奇地叫起来，围

着柔柔比画招式。

宋老师看了，笑着说："好吧！这节课，我们就请柔柔当教练，教大家学防身术吧！不过要小心，别假戏真做伤了人哦！"

"好！"大家都高兴地拍起手来，只有胖子一声不吭，因为他的鼻子还隐隐作痛呢！

? 让我们想一想

★有人从背后将你连手臂一起抱住时,你怎么做才能脱身? 找一个同伴试着小心演练。

★防身术是自卫用的,还是欺负人用的?

★不到紧要关头,小朋友不能使用防身术。万一真的遇到坏人,必须奋力一搏,使用后要立刻逃跑,为什么?

★柔柔说:"要是已经被坏蛋抱紧,可以先用脚跟踩他的脚。"为什么她选择用脚跟踩,而不是脚尖?

你到底会不会走路？

　　小磊今年升上了五年级，身强力壮，健步如飞，只要5分30秒，就可以从家里走到学校。可是，这学期开始，他快不了了，因为妈妈规定他每天要带刚上一年级的弟弟去上学，顺便也带着四楼李阿姨家的胖妹。

　　"我才不要！"小磊说，"他们根本就不会走路！上回我带他们去新公园，他们一边走一边抢爆米花，差点儿掉到水沟里。"

　　妈妈白了小磊一眼，说："不行，你是

哥哥，怎么可以不照顾他们？出了事怎么办？"

开学第一天，下大雨，弟弟撑着大伞，胖妹穿着雨衣，两个人一路踩水打闹。小磊说："伞要举高一些，雨帽要拉高，别挡住视线。"可是，他们理都不理，还是专心踩水，竟然同时撞上垃圾筒，哭哭啼啼了半天，回家还反告小磊一状，说小磊对他们"好凶"。

第二天，一年级上一整天课。早上，小磊站在楼梯口一直等到7点40分，这两个菜鸟才提着点心和水壶，叮叮当当地跑来集合。还没出门，他们又吵起来了，胖妹说弟弟故意用点心盒打她的手，弟弟说胖妹用水壶用力撞他。

小磊很生气，叫他们把点心盒收进书包，又帮他们把水壶的背带放长，要他们过肩背。

胖妹摇摇头说："过肩背丑死了，我要提在手上。"小磊瞪了她一眼，说："走路的时候，要尽可能把手空出来才安全，而且过肩背比较省力。你到底有没有常识啊？"胖妹这才心不甘情不愿地把水壶背好。

过马路的时候，弟弟看见绿灯亮了，就拼命往前冲，还好小磊一把拉住了他，要不然他就被一辆"红灯右转"的违规摩托车撞上了。

小磊斜着眼说："先生，小姐，这里可是闹市街头，绿灯不一定可靠，还是左右多看两眼吧！"

马路对面是一片工地。小磊怕天上有砖头掉下来，又怕地上有陷阱，一路走一路叫："离柱子远一点儿，地上有钢筋。哎呀！别踩到那根钉子……"

呼！总算把他们安全带离工地了。小磊心想："明天还是绕道吧，这里实在太危险了！"

过了工地，走上人行道，小磊说："人

行道上也不安全，常常有摩托车、自行车闯过来。弟弟，你走在最前面，胖妹走中间，我殿后，成一路纵队前进，别挡了别人的路。"

弟弟想跑，小磊伸手拉住他，说："跑步顶多早一分钟到学校。万一摔倒了，我又得陪你们啰唆半天。还是快步走吧。怕迟到，下回早点儿起来，动作快一点儿！"

　　好不容易到了校门口，小磊正暗自庆幸今天这两个"包袱"没再惹麻烦。突然"哎哟"一声，弟弟重重地摔倒在地上。原来他出门的时候，没把鞋带系紧，右脚鞋带松了，绊住左脚。偏偏他的两只手又插在口袋里，一下子抽不出来，于是跌了个"狗吃屎"，下巴蹭破一大片。小磊急得直跺脚，连忙带他去医务室擦药。

　　才上两天学，就吃了这么多苦头，弟弟和胖妹不得不承认自己真的不会走路。从此以后，不管小磊有多凶，他们都会乖乖照小磊的要求做，因为小磊的确比他们会走路！

? 让我们想一想

★ 带弟弟妹妹上学太麻烦,所以最好各走

各的,对不对?

★ 打伞时,为什么要举高一些?

★ 走路时,为什么要尽量把手空出来?

★ 便当袋或水壶"过肩背"有什么好处?

★ 你可以完全相信红绿灯吗?为什么?

★ 工地和人行道上有哪些危险?

厕所里有色狼

　　上午第三节是美术课，美术老师是全校最凶的"雷公"。课上了一半，欣宜突然想上厕所，憋了半天，实在受不了，只好鼓起勇气，举手告诉老师。老师点点头，没有说话。

　　欣宜松了一口气，马上捂着肚子冲出教室。可是，她才走两步，就停住了，因为厕所在走廊尽头的楼梯那一边。而现在，大家都在上课，走廊上空空荡荡，静得可怕。

　　欣宜鼓起勇气，转身走回教室，说：

"报告老师，我……我可不可以找个人陪我去？"

"雷公"皱了皱眉头，说："陪什么陪？想一起溜出去玩儿吗？"

欣宜不敢说话，傻傻地站着。

这个时候，她的好朋友希媛在座位上叫起来："老师，她一个人去上厕所，不安全！"另一个男生

马上怪声怪调地附和："对呀！女生厕所有色狼，男生厕所有强盗。"

"雷公"板着脸说："好啦！好啦！刚才说话的女生是谁？陪她去。"

希媛举手站起来。

"雷公"看了希媛一眼，面无表情地说："看到色狼顺便抓回来，听到没有？"

全班同学都笑起来。

欣宜连忙向老师鞠个躬，拉着希媛跑向厕所。

"雷公"摇摇头问："学校的厕所真有那么可怕吗？"

立刻有人回答："有呀！我妈妈说，在外面不管有多急，都不能自己一个人去公共厕所。"

另一个同学说："有一天清早，一个色狼躲在我姐姐学校的女生厕所里，还好被保洁人员发现了，他才逃跑。"

刚才说有强盗的男生也抢着说："我们男生厕所更可怕，我哥哥说有一次上课的时候，一个高中生跑进去，拿刀抢走他们班长的500块钱和手表，所以我爸爸叫我们不要带太多钱到

学校，也不要单独上厕所。"

"还有还有，"坐在后排的一个女生说，"我妈妈说在电影院上厕所，不但要结伴，还要挑最靠近大门的那几间，确定里面没有躲坏人才能进去。"

有人问："要是那几间门锁坏了，该怎么办？"

立刻有人回答："可以轮流守门！要不然，虚掩着也可以，只要边上厕所边唱歌，别人就不会闯进去了！穿帮总比被躲在里面的坏蛋拖进去好，这样才聪明啊！"

"雷公"听了，忍不住笑起来，说："好啦！好啦！你们的绝招这么多，怎么可能出事？不过，我还有一招更有效。"

"是什么？"大家都竖起耳朵，睁着大眼睛看"雷公"。

"雷公"咳了一声，慢悠悠地说："每次出门以前，先去大扫除，在家上完厕所，这样强盗和色狼等100年也等不到你们，就都熏死在公共厕所里啦！"

"哈哈哈！"全班爆笑起来，本来还以为"雷公"要教他们什么"厕所擒狼术"呢。

这时候，欣宜和希媛进来了，有个男生立刻指着欣宜叫："哦！你今天早上没有'大扫除'。"

欣宜连忙大声辩解："本来就不用扫，下个礼拜才轮到我们这一组啊！"

顿时，全班又是一阵哄堂大笑。

? 让我们想一想

★如果上课时想上厕所,可老师很凶,不许别人陪你去,你该怎么办?

★男生就可以单独去偏僻的公共厕所吗?

★坏人最爱躲在公共厕所的什么地方?

★"雷公"老师说:"出门以前,别忘了先上厕所。"为什么?

我又被借钱了

振华班上有一个"凶神",名叫阿保。阿保三天两头向同学借钱,借了又从来都不还。如果有人不借,阿保就出拳打他,还威胁别人不可以告诉老师,所以同学们都敢怒不敢言。

有一天,振华拿着一张50块的钞票去商店买东西吃,阿保突然冒出来拦路借钱。

振华摇摇头,说:"不行!我肚子很饿。而且,上星期你向我借了20块,还没有

还呢！"

阿保把手叉在腰上，斜着眼说："哦，记性真好啊！难道怕我跑掉不成？"

振华不理他，把钱塞进口袋就跑开了。

振华吃完东西，走出商店，一眼就瞧见阿保站在前面挡路。

振华往东，阿保就往东；振华往西，阿保就往西，还抡起拳头，摆出一副攻击的架势，盯着振华说："来呀！你小子不怕死，来呀！"

"你别惹我，"振华一本正经地警告他，"上次的20块钱不还就算了，这一次我不会再让你得逞。"

"是吗？看来该让你尝尝我拳头的滋味

了！"阿保阴阴地笑起来，把两只拳头握得更紧，高高地摆在眼前，十足"拳王"的架势。

振华的心怦怦怦地跳起来。说实话，他很害怕，不过他又想起爸爸的警告："别人想欺负你时，不要轻易让步，否则很容易永远被对方欺负！"

上回轻易给他20块钱，已经错了一次，今天不能再错第二次。更何况，暑假时正好学了防身术，何不拿出来试试？

振华一个大步迎向前去，双手举起，在眼前直摇，说："别打！别打！算我怕你，好不好？"他还在犹豫要不要出手，阿保的拳头已经挥来。振华赶紧出招，用闪电般的速度，左手一把抓住阿保的手腕，同时用右手包住阿保的拳头，用力往里压，开口说："我已经说过很多次了，你不要这样！"

阿保的拳头原本就朝里弯，再被振华这样一压，疼得简直无法忍受。"哇"的一声，阿保叫起来，连连说："不敢啦！不敢啦！手要断了！"

振华放开阿保，坚定地说："你要是肚子饿，等一下营养午餐可以多吃一点儿，不应该随便向别人要钱。"

阿保没有回答，只是揉着拳头呻吟。不过，从那次起，他再也不敢找振华借钱了。

? 让我们想一想

★别人欺负你的时候,如果轻易让步,会
　怎么样?

★不让步一定是对的吗? 是不是有时候
　也应该让步? 什么情况该让步? 什么
　情况不该? 和老师或父母讨论讨论。

★校园霸凌事件时有发生,"直接反击"绝
　对不是最聪明的做法。想一想,到底应
　该怎么做呢?

★别人真的要挥拳揍你的时候,你可以怎
　么防范? 演练一下,小
　心不要假戏真做,害同
　学受伤哦!

🔵 知识补给站

★ "出手反击"绝对不是霸凌事件最好的处理方法，让我们来看看有关组织提出的反霸凌"Yes—No守则"吧！

❏ Yes——遇到被嘲笑或欺负的情形，要温和但坚定地拒绝对方。例如："我不喜欢这样，请你停止。"

❏ Yes——遇到其他小朋友被嘲笑、排挤或欺负，应该想办法阻止。如果担心欺负小朋友的人会反过来欺负你，就请大人来帮忙！这跟"打小报告"完全不同哦！

❏ No——不要因为身体的特征、成绩、家庭背景等因素嘲笑别人。小朋友应该学习互相尊重和欣赏！

⏊ No—— 不要因为其他人都这么做就跟着做。你的好朋友可能会排挤某一个人，但这不是值得学习的行为，你可以勇敢说不！

⏊ No—— 不要因为一次的求助失败就放弃。多尝试几次，你也可以变成校园反霸凌的和平大使！

马路小霸王

"完蛋了，这下子不知道会不会被爸爸打死……"书诚停好自行车，气喘吁吁地冲进浴室，好久都不敢出来。

"书诚！书诚！你怎么了？是不是不舒服？"妈妈轻轻地敲着门问。

"没有！我……我……想上大号。"书诚的声音有些颤抖。

"胡说八道！赶快出来！"是爸爸的声音，好像有点儿不高兴。

书诚只好打开门，捂着左脸，走到爸爸面前。

"书诚！"爸爸瞪着大眼睛说，"把手放下。你是不是跟同学打架了？振德他们呢？不是一起去学校骑车吗？"

书诚抿了抿嘴，"哇"的一声哭起来，说："爸，你不要骂我，好不好？我和振德他们吵架，就自己到学校外面的巷子里骑车。我遇到了两个初中生，他们说我偷他们的自行车，要我跟他们去找证人。他们不但打我，还把我的手机抢走了。"

"天哪！你是怎么回来的？"妈妈惊叫着上前拉开书诚的手，书诚的脸上印着五个鲜明的指印。

　　书诚抽抽搭搭地说："刚好有一个大人骑着摩托车过来，我大叫'叔叔帮帮我，他们找我麻烦'。那个大人停了下来，他们就被吓跑了。"

　　"嘿！应付得不错！"爸爸点点头，站起来检查书诚的手脚，还好没有受伤。

"那你的手机……"妈妈问。

书诚低下头，偷看爸爸一眼，说："他们拦住我，说我偷车的时候，我很生气，骂他们'瞎了狗眼'，他们就打我，把我的手机抢去，说是'名誉赔偿'。"

"你看你，"爸爸的表情又严肃起来，"你就是嘴硬，乱说话才会挨打，对不对？拦路抢劫的绝不是什么英雄好汉，他们专挑落单或是个子比他们小的对象下手。万一不幸遇上了，不要争辩，'装孙子'就是了！好汉不吃眼前亏，钱、手机、车子全给他们都没关系，保命最重要。对了，你有没有记住他们的长相？"

"有！有！"书诚拼命点头，说，"他

们都穿着北华中学的校服，一个鼻子扁扁的，脸上都是青春痘，长得很胖；另一个戴着黑框眼镜，眼睛细细长长的，嘴唇很厚，不胖也不瘦。他们两个都比我高一头，我本来想用空手道和他们拼的，后来……"

"少吹牛！"爸爸一边站起来拿外套一边说，"跟他们拼，你就死定了。走！我带你去报案，找警察和他们算账。"

"爸！"书诚迟疑了一会儿，说，"还是不要去好了，要不然……"

"是啊！"妈妈也直摇头，说，"万一以后他们又来找书诚麻烦，那怎么办？"

"笑话！"爸爸语气坚定地说，"你们以为不报案，他们就不会来找麻烦了？告诉你，如果把他们纵容成'马路小霸王'，你就得天天交'保护费'，任凭他们宰割了。"

书诚听了，点了点头，捂着脸和爸爸一起出门了。

一路上，爸爸唠唠叨叨地说着："以后你更要小心，不抄捷径走小巷，不落单，不凑热闹，钱财不外露，随时留意路边可以求助的对象……"

　　三天后，警察通知书诚去领回他的手机，并且告诉书诚，抢劫犯顺利落网。他们由于犯案累累，已被移送少年法庭。

? 让我们想一想

★一个人最好不要四处乱逛，为什么？

★小流氓抢劫这么可恶，爸爸却说不可
以和他们硬拼，为什么？

★遇到危险时，你敢不敢向不认识的人
求助？你该怎么做？怎么说？演练一
下吧！

★被抢劫却不报案，会有什么后遗症？
报了案又会如何？到底怎么做呢？试
着模拟一些情境，和老师、同学讨论
讨论。

我好像被人跟踪了

对敏君来说，放学后去补习英语是最痛苦的事，因为肚子饿得要命不说，下了课还得一个人摸黑回家。

敏君的家门口离大马路只有50米，不算太僻静，可敏君还是很害怕，每次都在进巷子前就把钥匙掏出来拿好，再跑步回家，以最快的速度开门进去。

最近天气转凉，又断断续续飘着蒙蒙细雨，敏君总觉得有人跟踪，就要求哥哥在她

哈！我最喜欢找矮个子玩了！

这样的高度最好下手！

叩……叩……

疼啊！

下课后到巷口接她。

哥哥“哼”了一声，说：“胆小鬼，接什么接！要是有人碰你，你就给他好看！”

“给他好看？你做梦！”敏君噘着嘴说，“我的力气这么小，别人从后面一抱，就把我给抱走了。”

“力气小有什么关系？”哥哥说，“你集中全力对付他的一根手指头，就可以让他痛得夹着尾巴逃走。”

“算了吧！吹牛也不打草稿。”敏君不以为然。

“你不信？告诉你，我们班上的女生都会这种保护自己专用的‘一指神功’。”哥哥说，“上个星期五，我们班的阿猴要抢猪八妹的考卷看，硬抓着猪八妹的手腕不放。猪八妹警告了半天，阿猴就是不肯放手，结果猪八妹火大了，施展'一指神功'，把阿猴弄得大吼大叫，我们都笑阿猴是自己找死，活该！"

"真的吗？哥，你教我'一指神功'，好不好？"敏君请求。

"当然好啦！很简单，如果有人抓住你

的手腕不放，或是从背后抱住了你，你可以扳起他的小指往后折。光是这样，就能让他吃不完兜着走！不过，你得把自己的小指放在对方的小指底部，当作支点，这样才能有力量。"

哥哥一边说一边从后面抱住敏君，教敏君正确的扳法。

敏君立刻明白。她轻轻一扳，哥哥就大叫起来："喂喂喂，客气一点儿，这样折，骨头会被折断的。不过你如果遇到色狼，就不必客气了，不但要用力折，还要用力叫'着火'啦，同时猛力用头顶撞他的下巴，在他措手不及时快速脱身。"

"我知道，我知道，"敏君兴奋地说，

"用铁头功，就像对付拉我头发的人那样。哥，要不要我做一次给你看？"

哥哥连忙跑开，说："免了！免了！免了！我真后悔教你这么多功夫，让你拿来对付我。现在你够厉害了，晚上可以自己回家了吧？"

"我不要，"敏君着急地叫起来，"万一坏蛋有两个怎么办？我一下课就打电话回来，你到巷口接我，好不好？拜托啦，拜托啦，我们同学都是这样的。"

"你烦不烦哪！"哥哥摇摇头，说，"干脆不要去补英语了。"

"说得也是，"敏君大声地说，"我们校长说过，学知识很重要，自己的安全呢，更重要！"

"别找借口了！"妈妈拿着锅铲边从厨房走出来边说，"英文课非上不可。你一下课就打电话回来，哥哥会去接你。他要是不愿意去，我就修理他！"

"好呀！妈妈，就用'一指神功'修理哥哥！"敏君叫起来，气得哥哥满屋子追敏君。

? 让我们想一想

★如果有人抓住你的手腕不放,或是从背后抱住你的腰,你可以怎么对付他?

★遇到坏蛋,为什么要喊"着火啦",而不是喊"救命"呢?

★为什么进回家的巷子之前,要先把钥匙准备好?你知道钥匙怎么拿,才可以当作防身武器吗?

小提醒:向左侧小图这样拿钥匙,可以增加受力点,把钥匙变成防身武器哦!

小心你的钞票

过完年，小朋友赚饱红包，一个个"油光满面"，一些人却"虎视眈眈"起来。

振德和弟弟今年各拿到1000块钱。爸爸叫他们投资，把家里的电脑升级；妈妈叫他们自己缴学费。弟弟傻乎乎地全被"骗"光了，振德怕发生"意外"，把钱全放在裤子口袋里，不管到哪里都随身携带。

开学那天，同学们见了面就忙着比较谁的"斩获"最多。振德拍着鼓鼓的口袋，得

意洋洋地说："1000块钱，全在我身上。"

坐最后一排的小高听了，"哇"的一声大叫起来，非常羡慕。

第三节下课，小高找振德一起去买东西吃。他们学校的围墙很矮，校门附近有几家小店，即使校规不允许，也还是有许多高年级的学生爱去那里偷买东西吃。

振德摇摇头。小高掏出一张50块，说："放心吧！今天我请客。"

于是，振德就跟去了。

今天校门边的人特别多，振德一边挤一边用左手紧紧捂着放钱的口袋。小高买了两只热狗跟一包甘梅薯条，没走几步又叫起来："哎呀！好像找错钱了。振德，帮我拿一下。"说完，小高把东西全交给振德，转身又挤回人群里。

一下子要拿那么多东西，振德只好把捂着口袋的左手伸出来。

这个时候，一群人挤过来，差点儿把振德推倒，振德连连退了好几步，才靠着墙壁站好。

不一会儿，小高挤出来了，两人边走边吃，慢慢往教室前进。哇！热狗配甘梅薯条，真是人间美味。他们一直吃到上课铃声响，才舔着手指头上的番茄酱进教室。

这一节是语文课，老师一进门就叫大家翻开第一课，朗读课文。

振德一边念一边伸手摸口袋。天哪！那

叠钞票竟然不翼而飞了。

丢了1000块钱，这可是大事，老师不得不停止上课，立即处理。可是，在全班搜遍了还是找不到，老师只好带振德上教务处找吴主任。

吴主任先痛骂振德一顿，说他不该"身带巨款"到学校，再叫振德仔细说出这个早上的"行踪"和谈话的对象以及内容。接着，吴主任又陆续叫了小高和班上好几个人去"个别谈话"。

振德回到教室，无精打采地坐在座位上，一次又一次地摸着瘪瘪的口袋，昨天爸爸的警告一句句浮现在他耳畔："不要带大额钞票到学校！钱财不要外露！无缘无故地不要让别人请客！身上带着钱，不要去人多的地方……"

天哪！我犯了多少错啊！振德又急又恼，真是悔不当初。

快放学了，突然有人叫振德去教务处。振德的心怦怦跳了起来，不知道是吴主任又要骂他，还是钱找回来了。

走进教务处，吴主任指着桌上一堆皱巴巴的钞票，说："数数看对不对！"

振德数了

数，刚好1000元。他正想问是谁偷的，吴主任却把手一挥，说："回去吧！偷钱的那一伙人我自会处理，你不要多问，下回别再这么笨了。"

"谢谢老师！"振德不敢多问，鞠个躬退出教务处。

回到教室的时候，只见小高伏在桌子上，好像在哭。

回家后，振德把钱全交给爸爸，说："爸，我决定也投资买电脑。"

爸爸抬起头，微笑着看看振德。

振德一阵心虚，低着头溜回房间做功课，心想："还好吴主任没有告诉爸爸！"

？ 让我们想一想

★怎么保管自己的钱才是最安全的？和大家讨论一下。

★有些人身上有钱就神气地炫耀，会产生哪些问题？

★故事里的振德犯了哪些错？说说看。你觉得教务主任有没有打电话给爸爸？为什么？

★你听说过扒窃集团的犯罪手法吗？大家一起分享经验。

★除了扒窃集团之外，诈骗集团也不少见。你听说过哪些诈骗手法？该怎么防范呢？

★你过年收到的压岁钱都如何处理？有没有更好的处理方法？

不要倒下去

　　暑假到了，志翰和姐姐坐火车到爷爷家度假。

　　出发那天，刚好碰上公务员考试，火车站里人潮涌动。

　　下楼梯的时候，突然有人大叫："有老鼠！"

　　一位女学生听了，立刻尖叫起来，仓皇地向前跑，手上的提袋刮伤了一个男人抱着的小孩。

　　小孩"哇"的一声哭起来。

男人很生气，用手肘把女学生顶回去。

女学生往后一倒，撞上一位老太太。

老太太刚退后两步，就被后面拥上来的人潮推回来，又倒向那位女学生。

女学生站不稳，倒向抱孩子的男人。

男人努力抱好孩子，却踉踉跄跄地倒向前面那个人的背上。

那人被推下一层台阶，吓了一跳，双手向两旁一挥，两旁的人也吓得躲躲闪闪。于是，一堆人重心不稳，就这样推推挤挤地往下倒。

姐姐连忙拉住志翰，两人身不由己地随着人潮移动。一时之间，尖叫声、咒骂声四起。幸好，只差五六个台阶就到了站台，维持秩序的警察吹着哨子跑过来才化解这场危机。

志翰拉着姐姐，踉踉跄跄地上了火车。

姐姐一坐下来，就忙着检查露出来的脚趾，说："哎哟！差点儿被踩烂。"

志翰说："我们校长说过，他以前教书的学校发生过'小孩踩死小孩'的悲剧。"

"小孩踩死小孩？"姐姐好像听不懂。

志翰解释："就是在他们排队下楼升旗的时候啊！有人恶作剧地朝队伍泼水，引来一阵尖叫和推挤。大家不知就里，以为发生了什么事，就争先恐后地往下跑。有三个低年级的小朋友被推倒在地上，后面的人潮看不见他们，不断涌上来，把他们踩成重伤，肋骨断掉，马上送到医院也没救回来。"

姐姐看了志翰一眼，说："少见多怪。

这种事情常常发生啊，每年因为看球赛或演唱会，被挤死、踩死的人不知道有多少个呢！"

志翰说："就是因为这样，在人多的地方，像学校、电影院、商场，一定不可以和同学打打闹闹，推来推去，更不可以尖声怪叫，乱开玩笑，或者像刚才那个人一样大惊小怪，这样才不会让别人误会，造成恐慌。"

"懂的还挺多！"姐姐头也不抬地说，

一边心疼地摸着她被踩青的脚趾。

志翰抬起头，把大球鞋伸到姐姐眼前，说："懂得多的人出远门一定要穿运动鞋，赶车或逃难才方便。像你们女生啊，爱漂亮，喜欢穿凉鞋、高跟鞋，遇到刚才那种场面很容易被挤倒。在'乱军'之中，求生的第一要诀就是不要被挤倒，因为一旦倒下去，别人就看不见你，就算看见了，也控制不了。刚才在楼梯上，你要是倒下去啊，必死无疑，肋骨踩断不要紧，只怕你的宝贝迷你裙也要被踩脏了！"

"乌鸦嘴！乌鸦嘴！"姐姐气得猛捶志翰。志翰却调皮地扮起鬼脸来，说："嘿嘿！不痛，不痛。"

? 让我们想一想

★ 出门到人很多的地方时,要怎么穿戴比较安全?

★ 在拥挤的人群里尖叫笑闹,容易发生什么危险?

★ 当人群失去控制的时候,你如果被挤倒了,可能会产生什么后果?

★ 万一真的被挤倒了,你如何自保?

★ 逛商场时,很多人搭乘滚梯,有人每到一个楼层就停下来东张西望,决定自己要不要继续往上,这是很危险的。为什么?

知识补给站

★在拥挤场合自保的方法

⏋ 如果有一群同伴的话，大家最好赶快把手牵在一起努力站稳。团结力量大，这样不太容易被推倒。

⏋ 千万不要站在栏杆旁边。如果发生推挤，很容易被卡住。要是在高处，栏杆还有可能断裂，因而坠落。

⏋ 尽量靠墙移动，这样不容易被推倒。

⏋ 如果真的倒在人群中，应该把身体卷成球状，双手抱住头颈，保护自己的胸部，并且大声呼救。

谁敢再揪我的辫子?

"外婆,我要剪头发!"爱琳一回家就哭了起来。

"怎么啦?乖宝贝,你不是最喜欢你的两条辫子吗?"外婆连忙过来安慰爱琳,帮她擦眼泪。

"是我们班的男生啦!他们时常揪我的辫子。我告诉老师,老师叫我记他们的名字。可是,韦肥就是不怕,今天吃午餐的时候,他从后面拉我的辫子,说要让我'翘辫

你的头发看起来很好拉!我拉,我拉,我拉拉!

再拉我就不客气了!

我顶!

呜,我的下巴好痛!

子’，疼死我了，他们男生还一直笑呢。”

爱琳越说越委屈，眼泪流个不停。

这个时候，小姨在一旁叫起来：“哎哟，就会哭，难怪那么好欺负。告诉你，剪头发绝对解决不了问题，你应该反过来给他们一点儿颜色看看，让他们知道你不是好欺负的。”

爱琳捏着辫子说："我有啊，我跟他抢辫子，可越抢自己越疼！"

小姨摇摇头，说："方法错误。告诉你，警告多次无效的话，你可以顺势往他身上一靠，反手抓住他，用你的"铁头"撞他的下巴，只要一下就够他受的，保证哭的是他，不是你。"

外婆白了小姨一眼，说："你啊！自己那么野，还要把爱琳也教成野孩子？"

"哈！"小姨不以为然地说，"时代不同啦，弱不禁风的女生到处吃亏，不学个一招半式怎么行？坐在那里等英雄来救吗？等不到的！爱琳，过来，我再教你两招，看看以后还有谁敢揪你的头发。"

爱琳一边擦眼泪一边说："韦肥有时候也会从前面拉我的头发。"

小姨举起两只拳头，说："那简单，你只要握紧拳头，把中指第二个关节突出来，用突出的关节用力敲他的肘关节。左一下，右一下；再左一下，右一下，他一定痛得马上松手。要不然，你抓住他的肘关节，用力往上推也行。他要是再不松手，就得住院、接骨了。"

"有一次，"小姨瞄了外婆一眼，说，"我在校园里遇到色狼，他从后面揪我的头发，我知道一挣扎一定会直挺挺地倒下去，所以就顺势后退了两步，然后猛地坐下，一只手抱住他的小腿，另一只手用力压他的膝关节，结果他"砰"的一声就松手倒下去了。"

"哇！后来呢？"爱琳屏着呼吸问。

小姨笑一笑，比画着说："我爬起来，拔腿就跑，还大喊'着火了！着火了！'结果好多人都跑出来，那个色狼这才落荒而逃。"

外婆瞪大眼睛问小姨："什么时候的事情？你怎么没有告诉我？"

小姨立刻对外婆挤了挤眼睛。爱琳发现了，马上叫起来："哦！小姨，你竟然骗我！"

小姨连忙解释："不是啦！这不是骗，是模拟现状给你听。平常不多演练，真的遇

上了，怎么施展得开呢？爱琳，你还要不要

剪头发呢？"

　　爱琳甩了甩辫子，说："我才不要呢！

我好不容易才留了这么长的头发。小姨，来，我们再练习一次，你抓着我的辫子试试看，不要太用力哦……"

小朋友，你猜，从此以后韦肥还敢不敢揪爱琳的头发？

? 让我们想一想

★有同学欺负你，"报告老师"是最好的方法，但你自己也要明确而坚定地拒绝。为什么？

★女孩子被欺负，一定会有"英雄"来救她吗？

★万一有坏蛋从后面硬拉你的头发，你该怎样挣脱？有人从前面抓你的头发时，你又能怎样挣脱？演练看看，小心不要假戏真做哦！

★为什么小姨说遇到色狼时，要喊"着火了！着火了！"，而不是"救命啊！救命啊！"？

你凭什么罚我

天色渐暗，夜幕低垂，郑妈妈焦急地站在门口张望。

都快6点钟了，任远为什么还不回来呢？该不会跑到哪里去玩了？

"不会的，"郑妈妈心想，"任远向来听话，老师也说他最乖，交代什么就做什么。今天早上，我还特别叮嘱他一下课就赶快回来，免得上课外班又迟到，他应该不会忘了。"

郑妈妈等了一会儿，又进屋里翻通讯录，想打电话问问任远的同学。

这时候，电话响了，是任远的好朋友俊平打来的。

"郑妈妈，任远要7点钟才会回来，他在天桥上罚站。"俊平说。

"在天桥上罚站？谁罚他的？"郑妈妈一头雾水。

"我也不知道那个人是谁，我们上天桥的时候，不小心撞到他，把他手上的槟榔撞了一地。他很生气，要我们赔他200块。我们没钱，他就叫我们罚站，说要站到7点钟才能走。"俊平说。

"什么？有这种事？那你怎么回来

了？"郑妈妈问。

"那个人说完就走了，不过，他说7点钟会回来看我们在不在。我跟任远说'不要理他，我们直接回家'。可是任远不敢，所以我就自己一个人先回家了。"俊平说。

郑妈妈放下电话，连忙赶到天桥。可怜的任远，竟然还傻呆呆地站在寒风中瑟瑟发抖。

晚上，妈妈把这件事告诉爸爸。爸爸听得频频摇头，说："我的儿子啊！他罚你站，难道你就不会跑吗？"

任远说："我不敢，因为我没有钱赔他的槟榔。"

爸爸叹了一口气，说："笨蛋！你不懂人权吗？你做错事或是闯了祸，一时解决不了，可以打电话回家或到学校找大人帮忙啊！可是，你要知道，不管是撞翻槟榔，还是打破玻璃，甚至碰伤了别人，别人都没有资格直接处罚你或威胁你。不然，他就侵犯了你的人身自由。下回遇到这种人，不必理他，跑掉就是了。"

"可是……"任远还是有点儿犹豫。

"唯一有资格处罚你的只有父母和老师，而且要罚得合情合理，你才能接受。"爸爸越说越起劲，"我问你，要是老师罚你吃泥土，你是吃还是不吃？"

任远摇摇头说："当然不吃。"

"要是校长罚你从二楼跳下去呢？"爸爸又问。

任远笑起来，说："我当然不跳。不过……爸爸，要是父母罚得不合理呢？我要不要接受？"

爸爸瞪大眼睛，说："当然不要！不过，我每次罚你，可都是合情合理的。"

"是吗？"任远鼓起勇气说，"上个星

期我数学考得不好，你罚我不许吃饭。其
实，我虽然只考了82分，却是全班最高的！
而且，不吃晚饭会伤害身体，你觉得这样的
处罚合情合理吗？"

　　"好啦！好啦！"爸爸收起笑容，认真地说，"你对，你对，下回要先讲清楚，我才不会罚错，知不知道？"

　　"是的，爸爸。"任远转过身子，只见妈妈正站在厨房门口冲他微笑呢！

? 让我们想一想

★任远撞翻别人的槟榔,为什么爸爸却说
　他可以不接受那个人的处罚?

★什么样的处罚才算合理,什么样的处罚
　不合理? 请和父母、老师讨论看看。

★抗拒不合理的处罚,该用什么态度、什
　么方法?

★如果真的受虐,你知道可以打什么电话
　求助吗?

谁敢欺负矮个子?

阿信长得很矮，学校的大个子老爱欺负他，一会儿摸摸他的头，一会儿踢踢他的屁股。阿信跑去报告老师，可是怎么告都告不完，因为欺负他的人太多了。

尤其让阿信受不了的是隔壁班的阿雄。每次阿雄一看见阿信走出教室，就跑过来用手臂勾住他的脖子，一下子往上提，一下子往下压，弄得他颠颠倒倒，站都站不稳。

有一天放学回家的路上，阿雄竟然把阿

哈哈哈，矮冬瓜，当当……

传说中的铁头功?

信压倒在地上当马骑，阿信的校服被弄得脏
兮兮的。

　　回到家里，阿信忍不住哭起来，把被欺
负的经过说了出来。爸爸听了，连忙过来安

慰阿信："阿雄还不知道矮个子的厉害，才敢勾你的脖子。来！爸爸教你一个绝招，你只要用手肘往后撞他的肋骨，他就吃不了兜着走啦！"

爸爸一边说一边把两手交握在胸前，用手肘往后撞。

"撞的时候动作要快。"爸爸说，"不过你要是太用力，恐怕会撞断他的肋骨，那就太严重了。来！我教你另外一招，包管把那个阿雄变成'狗熊'。"

于是，阿信擦干眼泪，和爸爸在地毯上演练起来。

第二天早上，阿信吃过午饭去洗手的时候，又碰上阿雄。

阿雄用湿湿的手摸阿信的脸。阿信不理他，转身就走。阿雄却跟过来，伸出左手勾住阿信的脖子，用右手继续摸他的脸。

"请你放手！"阿信说，"要不然，我就不客气了。"

"来呀！来呀！不要客气呀！"阿雄听了，阴阳怪气地叫起来，更用力地勾阿信的脖子，把阿信拖过来又拖过去。旁边的同学看了，都哈哈大笑。

阿信涨红了脸，鼓起勇气，伸出右手，从后面绕上来，冷不防扳住阿雄的下巴往后压，同时把右脚放在阿雄的左脚后面，轻轻往前顶。

阿雄立刻"哎哟"一声，抱着左肩坐倒在地上。

围观的同学都拍起手来，大叫："阿信，你好棒！真不简单！"

可是，阿信马上把阿雄扶起来，说："对不起！我是跟你玩的，痛不痛？"

阿雄一句话也没说，红着脸站起来，跑回教室，一路走还一路抱着左肩，大概很不好受吧。

? 让我们想一想

★ 高个子欺负矮个子,会被人当成英雄,

还是会被唾弃? 为什么?

★ 被高个子勾住脖子时,阿信学会用哪两

种方法脱身? 用这两种方法时,有什么

注意事项?

★ 阿信学会防身术以后,并没有真的用力

教训阿雄,为什么? 他采取的是什么态

度? 这样的态度有什么好处呢?

★ 如果有人经常欺负你,你可以怎样保护自己?

★ 阿信被欺负的时候,旁观的同学都在

笑。如果看到同学被欺负,你会有所作

为吗? 怎么做比较好?

麻烦你帮我送一封信

　　放学喽！小凯背上书包，悠哉游哉地往家走。路过自动售货机，他停下来，投钱买了一罐可乐。

　　突然，一个年轻人走上来，问："小弟弟，你是不是住在联合公寓？"

　　小凯睁大眼睛，不知道该不该据实回答。

　　"你住二栋，对不对？"年轻人继续说。

　　小凯一脸疑惑地点了点头。

　　"我是你哥哥的小学同学，想麻烦你帮

我把一个信封送到四栋。四栋顶楼有个水塔，你知道吗？我表弟在那里等我，可是我没有带证件，管理员不让我进小区，电话又没人接，我表弟一定忘了带手机。"

"好啊！"小凯一口就答应了，助人为快乐之本嘛！

四栋顶楼果然有个瘦瘦的中学生在那里四处张望。小凯还没开口，他就走过来抢走信封，塞进裤子口袋，头也不回地跑了。

"莫名其妙！"小凯一肚子不高兴地走回家。

哥哥推着摩托车正要出门。小凯把刚才的事告诉哥哥，抱怨着："你下回碰到你同学，叫他告诉他表弟别那样没礼貌。哼，连个'谢'字都不会说！"

哥哥停下来，叫小凯把那两个人的长相再描述一次，又问小凯信封里装的是什么东西。

小凯摇摇头，说："我不知道。"

"不知道？"哥哥板起脸孔，大声吼起来，"不知道怎么可以帮他送呢？"

"他说他是你同学啊！"

"他说是就是吗？你就相信他了？笨哪！你见过他，还是听我提起过他？"

小凯摇摇头，没有说话。

哥哥瞪大眼睛，说："你一天到晚看犯罪现场电影，竟然还没有这种警觉？依我看，你八成当了替人传送毒品的傻瓜了。"

"那怎么办？"小凯紧张起来，说，

"他知道我们家住二栋啊！"

"知道就知道，"哥哥说，"我们家住二栋又不是秘密。他之所以找你，一定是跟踪过你的。"

"要是他再来找我怎么办？"小凯焦急地问。

"你拔腿就跑啊！"

"要是他抓住我不放呢？"小凯越想越害怕。

"你就随便指着一个路人叫爸爸。"

"要是他非要我帮他送呢？"小凯还是不放心。

"你不会送到警察局吗？"哥哥被问得不耐烦了，大叫起来，"谁叫你放学不赶快

回家，一天到晚背着书包到处乱晃，每个坏
蛋看了都想找你！"

　　小凯低下头，不敢再问。

　　第二天起，小凯再也不敢随便替人跑腿
了，放学后乖乖回家，不再四处乱晃。

一个月以后，电视新闻播报："警方昨日在联合公寓附近破获一个贩毒集团，嫌犯供称，他们经常利用无知的小学生传送毒品，进而诱拐他们吸食毒品，以便控制他们的行动……"

小凯看了，不由得全身战栗。

❓ 让我们想一想

★放学不回家，在路上闲晃，有可能发生
　什么危险？

★不认识的人请你帮他送信或带东西，为
　什么不能答应？

★发现自己被坏人利用了，应该怎么办？

他又踢我

明峰班上有个卷头发的男生，名叫金木。金木不知道是看了太多武侠漫画，还是玩了太多网络游戏中了邪，一天到晚在走廊上练功夫，摆出各种奇怪的招式吓人。

最近，他玩腻了双节棍和木刀，改练踢腿，一有机会就偷袭别人，把别人的裤子踢得满是球鞋印。

明峰已经告诉金木他不喜欢玩这种踢来踢去的游戏，可金木还是不肯放过明峰，总

来纠缠他。

一天早上，明峰穿着崭新的校服去上学，在走廊里遇到金木。金木一见到明峰，立刻退后两步，摆出攻击的姿势。明峰知道金木又要踢人，连忙把双手挡在裤子前方，说："不要踢我，不要踢我！"

可是，金木还是一脚踹过来，这一脚正好踢在明峰手上。明峰一急，抓住金木那只脚不放。没想到，金木竟然"砰"的一声倒在地上，就这样败给了明峰。

明峰喜出望外，回家以后，立刻把今天痛宰金木的情形告诉哥哥。

哥哥听了，哈哈大笑，说："你这只瞎猫，今天算是碰上死耗子了。来！我教你几招对付金木的好方法。"

哥哥先叫明峰比较"踢腿再放下"和"打出拳再收回"的速度。显然，踢腿收回的速度比出拳收回要慢得多。

哥哥说："手的动作比腿快，所以用手抓住别人踢过来的腿并不难。下回遇上爱踢人的家伙，你就把手摆在身前，假装很害怕的样子，等他一出脚，你就牢牢抓住不放，再把他那条腿往上一抬。哼！他不摔个四脚朝天才怪呢！要是对方是真正的坏蛋，你抱住他的腿后，用手肘猛砸他的膝关节——要敲靠大腿的那一边哦！"

"然后呢？"明峰紧张地问。

"然后啊！"哥哥说，"你就爬起来，

赶快跑，跑回家打电话叫救护车。"

"为什么不叫警察，要叫救护车？"明峰歪着头问，"我又没有受伤！"

哥哥说："哈哈哈！叫救护车，是送那个坏蛋去医院接骨、上石膏啊！"

说完，哥哥抬起腿来假装要踢明峰，还叫着"看我'北腿'的厉害"。

"哼！来啊！看我把你的'北腿'变成'火腿'！"明峰立刻摆出防御的姿势，和哥哥演练起来。

? 让我们想一想

★老是和别人踢来踢去，会有什么危险？

★有坏蛋抬腿踢你，你可以怎么对付他？

★这种防身术不可以轻易使用，演练时也
　要很小心，为什么？

谁来帮我?

星期六中午，丽文一下课就匆匆赶到路口等公交车。这一路公交车的班次最少，常常要等上半个钟头。

排队的人越来越多，好不容易远远望见公交车来了，丽文连忙伸手从书包掏公交卡。糟糕，公交卡怎么不见了？丽文心想：八成是落在抽屉里了。

找不到公交卡，身上又没钱，丽文不敢上车，只好退出队伍，回学校找。

学校的大门已经关了，守门的保安大概也去吃饭了，校园里空荡荡的，一个人影也没有。

丽文从侧门进去，走进穿堂，听见走廊那头传来自己脚步的沙沙回响，不禁想起那天在游泳池听到的事情——有两个初中女生叽叽喳喳地说她们学校有个同学，放学后发现忘了带课本，就自己一个人折回去拿，结果被两个躲在教室的高中生非礼了……

虽然那件事发生在中学校园，而且是晚上；这里是小学，现在又是白天，不过眼前的长廊一片死寂，谁知道有没有坏人躲在里面？旧事会不会重演？

"我宁愿走路回家，也不要做那种事件

的受害者。"丽文缩回脚步，跑出校门。看看手表，已经下午1点钟了，她身上不但没有公交卡，连打电话回家的钱也没有。

"只好走路回家了！"丽文无奈地自言自语。

火红的太阳高挂在天空，散发出炉火般的烈焰。

丽文背着沉重的书包，整整走了7站路，全身上下都快冒烟了才到家。这个时候，妈妈已经焦急地打遍丽文所有同学的电话，又叫丽文的表哥骑摩托车到学校找人，只差报警了。

丽文理直气壮地告诉妈妈，她是基于"安全"的理由，才没有回去拿公交卡。

她本来以为会得到赞许，没想到妈妈听了，生气地说："放学后发现忘了带东西，本来就不应该回去拿。可是，你怎么不会想想别的办法？难道没有公交卡，就只能走路回家？要是你家住在郊区呢，是不是要走到天黑？"

丽文一脸委屈地说："我找不到认识的人借钱嘛！你又没有给我买手机……"

"死脑筋！"姐姐在一旁叫起来，"坐公交车只要几块钱，找个路过的阿姨借，她一定会借给你的。要不然，你跟阿姨借手机，打电话回家求救也行啊！"

丽文小声地说："我不敢，我怕别人会骂我。"

姐姐一脸不屑地说："怕什么怕？一个不借，你就找另一个，要一直试才能解决问题。要是怕挨骂或怕被拒绝就不敢开口，那就只能等死了。你想想看，要是你走到天黑还没到家，说不定真会遇到色狼！"

"慢着，慢着，"妈妈打断姐姐的话，说，"找人帮忙也要看清楚对象，可不能找上坏人，自投罗网啊！"

"妈——"

丽文跺着脚，"那我怎么知道谁是坏人啊？"

"自己判断，"姐姐抢着说，"叼着烟闲荡，眼神飘忽不定的，多半不是好人；歪戴帽子，边走边嘀瑟的，恐怕也有问题。"

丽文"哼"了一声："照你这么说，穿西装打领带的，都是好人喽？"

"才怪！"妈妈连忙说，"很多坏人也长得一派斯文！为了安全起见，你最好问有固定营业场所的商店店员、交通警察，或是带着孩子的人，借几块钱坐车应该不会有问题的。勇敢点儿，机灵点儿，才能找到帮手。"

"好了，好了，我知道啦！"丽文跑向厨房，说，"我肚子好饿，还没吃饭呢！"

? 让我们想一想

★放学走出校园，发现忘了带东西，该怎么办？

★在离家很远的地方迷了路，又没钱打电话，你能怎么做？

★需要帮助的时候，找什么样的人比较可靠？和父母讨论讨论，并一同思考家里、学校附近等区域，有哪些人或商家是你可以紧急求助的对象？

快逃！去找救兵！

　　每天午睡前的20分钟，是学校里难得的自由时间。琪琪总是把握机会，拖着小咪到鱼池旁边的小花圃说悄悄话，因为那里是校园中最僻静的角落，绝对没人偷听。

　　这一天，琪琪听到一个关于班长的小秘密，于是三口两口吃完饭，就拉着小咪跑出教室。

　　鱼池的小喷泉哗啦啦地喷个不停，两个小女生坐在草地上，叽叽喳喳说个不停。

突然，有一个胖胖的身影出现在眼前。琪琪以为是老师，连忙拉着小咪站起来。

眼前这个人四五十岁，身穿白衬衫、灰长裤，打着整齐的领带，还戴着金边眼镜，手上握着一本杂志。

小咪看了，连忙举起右手行了一个少先队礼，大声说："老师好。"

琪琪犹豫了一下，也跟着举手行礼。

那个人点点头，说："很好，很有礼貌，你们是哪一班的学生？"

"五年三班。"小咪毕恭毕敬地回答。

琪琪却目不转睛地盯着那个人，因为她一天到晚跑办公室，并没有见过他。

那个人似乎看出琪琪的疑惑，马上自我

介绍，说他是教育局的领导，特地来检查学校环境卫生。

介绍完，他皱起眉头，指着音乐教室旁的小储藏室，说："你们学校真糟糕，看得见的地方收拾得干干净净，死角却堆了两包垃圾。还不快去捡了丢掉？小心我扣你们学校的分数！"

琪琪和小咪不敢怠慢，便快步向储藏室走去。

那个"领导"也一步步地紧跟在她们

后头，她们紧张得手心直冒汗。

"当！当！当！"这时，午睡钟声响起。琪琪想起班长那副凶巴巴的嘴脸，对小咪说："快点儿，丢了垃圾回去睡午觉，要不然班长又要记名字了。"

没想到"领导"听了，一个箭步冲上前，拉住小咪的衣服厉声说："不行！你们两个留下来，把储藏室彻底扫干净。"

小咪吓了一跳，立刻停下脚步。

琪琪感到有些不对，于是机灵地退后两步，没让"领导"抓到。

"领导"一边把小咪推往储藏室一边瞪着琪琪，厉声说："你敢跑，我就对她不客气。过来！你给我过来！"

　　小咪缩着脖子，一脸惊惶地看着琪琪，好像还不知道发生了什么事。琪琪却已经明白八成是遇到坏人了。

　　但是，万一他真的是教育局的领导怎么办？违抗长辈的命令，多不礼貌啊！

　　犹豫了一下，琪琪突然想起妈妈的话："不敢确定对方是好人还是坏人的时候，宁可先把他当成坏人。万一误会了，事后还可以道歉！"

　　于是，琪琪猛地转身，拔腿就跑，飞奔到最近的办公室去求救。

　　七八个老师马上追出来，可是那个"领导"已经翻墙逃跑了，只留下一脸惨白的小咪呆呆地站在储藏室旁边。

校长随后赶到，问明情况，又打电话向教育局查询，证实了根本没有这回事，那个人的确是个冒牌货，于是立刻报警，并派人清查校园，确保学生们的安全。

事后，小咪气呼呼地质问琪琪："你刚才怎么先跑了？难道不害怕他真的伤害我吗？"

"怎么

会不怕？"琪琪说，"可是我妈说，不能随便相信别人的威胁，而且……"

"而且什么？"小咪追问。

"一次死两个，还不如先逃一个，这样才有机会找救兵啊！"琪琪笑着回答。

"什么？"小咪气得叫起来，"下回换你留下来等死，我去找救兵。"

❓ 让我们想一想

★只要在校园里，每个地方都是安全的，这种想法对吗？如果不是，为什么？

★如何分辨好人和坏人？外表斯文，穿西装打领带的一定是好人吗？衣服脏乱的就都是坏人吗？你如何分辨？

★不能确定对方是好人还是坏人时，该怎么办？

★误把领导当成坏人而抗命，你真的就死定了吗？

★有人抓住你的朋友，威胁你不许逃跑时，你该怎么办？和父母讨论讨论。

最佳"挡箭牌"

　　天乐的爸爸调到省城工作，他们一家也跟着搬家。这学期，天乐和姐姐一起转到市中心的一所学校就读。这所学校的小学部和初中部只隔着一个篮球场，所以初中部的学生常常过来玩，偶尔也会欺负小学生。

　　开学两个星期以后，姐姐的电话突然多了起来。可是，姐姐并不开心，接到电话时，总是支支吾吾的，不知道该说些什么。

　　有一次，姐姐接完电话以后，竟然脸色

发白地愣在那儿。爸爸见了，放下手里的书，过来询问姐姐。

问了好久，姐姐才低着头说："有一些初中生叫我星期六跟她们去唱KTV。"

天乐问："你怕爸爸不让你去？"

姐姐摇摇头，说："爸爸让我去，我也不敢去。可是不去的话，她们一定不会放过我的。我们班一个同学就是因为不肯收她们的信，在走廊上被打了两个耳光。"

"所以你收了她们的信？"爸爸问。

姐姐点点头，说："收了啊，因为信上也没有写什么，只是说她们很想跟我做朋友，叫我回信把电话告诉她们。"

"你回信了？"天乐追问。

姐姐点点头，说："我当然回了，要不然多没礼貌。可是……"

"可是，她们就天天打电话来找你，对不对？"爸爸说。

"打电话来也没什么呀！"天乐说。

姐姐看了爸爸一眼，有点儿害怕地说："她们每次打电话，都是叫我第二天带钱借给她们。我的零花钱都被她们借光了。刚才，她们叫我星期六去KTV，还规定我要带500块钱去。"

"好惨！"爸爸叹了一口气，说，"以后她们一定会让你把钱都拿给她们花，一步一步地完全控制你。可是，别人不但不会同情你，还会把你看成她们的同伙，远远地躲

着你。"

"爸……"姐姐差点儿哭起来，"那怎么办？我根本不想和她们在一起呀！她们是坏人，好可怕的！"

"那你为什么要回信？又为什么要接她

们的电话？"爸爸说，"以前我读书的时候，学校里也有这种学生，只要跟他们出去一次，以后就很难脱身。可是，拒绝的话，他们又会找你的麻烦，甚至找机会打你。"

"就是嘛，"姐姐一脸委屈，"我根本不知道该怎么办！"

"不知道该怎么办？"爸爸说，"很简单，学我啊！我遇到这种人，就告诉他们，我妈妈管我很严，不许我出去，电话也被监听，所以我实在无能为力。"

"要是他们写信给你呢？"姐姐问。

"我就说我妈妈天天检查我的书包，搜查我的口袋。看到信，我妈妈一定会到学校去追查是谁写的，所以我不敢收。"

　　天乐听了，忍不住笑起来，说："你不怕他们笑你'没种'？"

　　"没种就没种，能脱身才重要。把责任推给爸妈，他们就不会怪你不够意思啦！"爸爸撇撇嘴说，"放着这么好的'挡箭牌'不用，真是笨蛋。"

"哦！"姐姐恍然大悟。

"爸爸，"天乐突然叫起来，"我知道了，下回老师叫我拖地，我就告诉老师，我妈妈说我身体不好，不能拖地。这个'挡箭牌'一定有用。"

爸爸大笑着说："你可以试试。不过，我猜你们老师一定会说'身体不好，更该多运动，你把整间教室都拖了吧'。"

? 让我们想一想

★如果坏学生邀你加入他们的活动，你
 有办法拒绝而不得罪他们吗？试着演
 练看看。

★和坏学生来往，有什么坏处？

★别人讥笑你"没种"，或是说你"没
 义气"的时候，你还要坚持自己的原
 则吗？和老师、父母讨论讨论吧！

我可以骑车上学吗？

立人的家离学校不远，坐公交车只要3站，但加上等车、堵车，至少要耗上半个钟头，所以他常常走路上学。不过，背着大书包，带着水壶、学习用品等用具，赶到学校时就累得想睡觉了，所以他请求妈妈给他买辆自行车。

妈妈坚决地摇摇头。爸爸却爽快地说："可以试试看，你已经上五年级，不小了！"妈妈听了，气得直瞪眼。

你看！我的技术很好吧！

小心哪！

下来！

骑车不戴安全帽很危险，你知道吗？

那个周末，爸爸带立人去自行车专卖店买车。立人看见一辆坐垫很高，把手又低又弯的20速山地车，喜欢得不得了。爸爸却摇摇头，说："这种拉风的山地车，小孩子骑最不安全，而且不到三天就会被小偷偷去卖掉，我们还是去旧货市场看看吧。反正你买车是要代步的，不是要表演的，二手车也没什么不好，对不对？"

最后，他们选了一辆黑色的二手车。

爸爸请车店老板把坐垫调到最低，叫立人坐上去试试看。

立人跨上去，右脚踩在踏板上，左脚可以轻松地着地，而且两只手不用完全伸直，就可以自然地垂落在把手上。爸爸看了，满意地说："这个高度刚刚好。"

爸爸又请老板把刹车的把手调整好，让立人的手指可以扳得到，也扳得动。再装上车铃、车锁，又买了五颜六色的反光片，贴在车座跟脚踏板上。

立人说："爸，我要装车灯，还要买件雨衣。"

爸爸果断地说："不必了，反正晚上视线不佳，你不可以骑车；下雨天路滑，刹车不灵，你也不能骑。"

"后座椅架总可以装吧？"立人又问。

"装那个干吗？你想载人，还是想送货？"爸爸态度坚定地拒绝了。

付完账，立人想骑车回家。爸爸却说：

"等等，我们先到附近的操场练车，等你摸熟这辆车再上路。"

就这样，立人每天放学都和爸爸去练车。练了三天，立人不但熟知车性，也熟记交通规则，还模拟演练了各种突发状况的应变方法，这才获准"路考"，由妈妈当"主考官"。

立人穿上球鞋，系紧鞋带，又把多余的鞋带塞进鞋帮，再把裤腿卷起来，然后抬起脚，对妈妈说："根据统计，在儿童自行车伤害事件中，脚被卷入齿轮而造成伤害，这种情况占很高的比例。所以，骑车一定要把鞋带系好，裤腿卷好，也不能穿拖鞋。"

妈妈"嗯"了一声，不放心地皱皱眉。

立人又检查了刹车和轮胎，确定没有问题，就上路了。

爸爸骑着摩托车，载着妈妈在后面看。

立人尽量靠右，直线前进，不上快车道，眼睛也不时注意路边停放的车子，以免被突然打开的车门撞到。

到了十字路口，许多摩托车、自行车都"杀"进内车道，等着抢黄灯左转，立人却乖乖地直行过马路，靠边等待"两段式左转"。每次转弯或停车时，他都把手伸出来做手势。

一路上，他们看到好些惊险的特技表演：有人骑车蛇行，有人把手攀在公共汽车上，有人骑一骑就猛抬前轮跳一跳，也有人动不动就紧急刹车，差点儿被后面的摩托车撞上。还有人把车骑上人行道，又猛按车铃，惹得路人直瞪他。但是，立人一直小心谨慎，规规矩矩。

绕了一圈回来，立人把车子停好，用新闻报道的口气对妈妈说："根据统计，骑自行车受伤或死亡的人中，百分之八十是因为违反交通规则。您看，本人既遵守交通规则，又耳听四面、眼观八方，严防一切违规车辆，保证安全，想必可以通过路考了吧。"

妈妈收起笑容，假装生气地说："好啦！好啦！油嘴滑舌的。不过，我还有一个条件。"

"什么条件？"立人和爸爸齐声问。

妈妈从包里拿出一顶颜色鲜艳的安全帽，往立人头上一扣，说："根据统计，车祸死亡者百分之九十是由于头部受伤。你要是摔断腿，问题还不算太大。万一摔成脑残，我的麻烦就大了！"

? 让我们想一想

★为什么爸爸要立人买旧车就好?

★什么样高度的自行车才是适合自己的?

★为了安全,自行车最好安装哪些配件?

★骑自行车为什么要特别注意系好鞋带?

★大部分因车祸而死亡的人是哪个部位受

伤呢?

★什么是"两段式左转"? 说说看!

知识补给站

★自行车安全注意事项

⌐ 骑车前，把鞋带系好，多出来的地方最好塞进鞋子里。此外，要注意裤腿是否会被卷入齿轮中。

⌐ 检查刹车、车灯、齿轮、铃铛、胎压、车灯、座椅高度，并确认反光片没有因脏污而影响使用。

⌐ 一定要正确佩戴大小适中的安全帽。

⌐ 骑车时，靠右慢行，并和所有车辆一样遵守交通信号、规则，千万不能闯红灯、超车、蛇行或者与人竞速。

⌐ 一定要"两段式左转"。如果视线或天气不好，要将车灯打开。如果这种时候能不骑车，当然最好！

★正确佩戴安全帽

★遵守交通规则

★系紧鞋带

★最后，别忘了把裤腿卷起来！

推荐的话

放心去远行

亲子教育作家、中国教育报资深编辑 **张贵勇**

刚到报社跑新闻的时候，一次做小学生道路安全主题的采访，偶然浏览到一个名为"www.icebike.org"的网站，一行数字让我震惊：在网站首页，明明白白标注着当天全球交通事故所造成的死亡、受伤人数和财产损失统计；每隔几分钟，这个数字就会增加。那一刻我忽然意识到，交通事故不是看不见就不存在，而是无时无刻不在真实发生。

对于安全意外，倘若不是发生在自己身边，很多人其实无意、无感，但等到发生时，后悔已莫及。因此，给孩子创造安全的成长环境固然重要，但更重要的是让孩子拥有安全意识和较强的自护能力，能预判可能发生的安全事故，进而最大限度地使自己逃离险境。

从这种角度看，这套《保护自己有绝招》是

一份贴心而周到的成长礼物。作者可白由于有着切身经历，拿出极大的诚意与心力调查、研究孩子成长过程中可能遇到的安全问题，书中因而无处不蕴藏着一位母亲的爱心与耐心、一位教育者的责任感与使命感。怀着保护每个孩子健康成长、每个家庭团圆幸福的初衷，作者创作了这套适合孩子阅读的安全防护图书，小到家用电器的处理、夜间出租车的乘坐原则，大到公共场所的安全隐患、校园欺凌的应对方法，各种安全问题条分缕析，几乎面面俱到，俨然一本全方位的避险指南。

　　而且，与一般的安全手册不同，之于每个安全隐患，作者没有枯燥乏味的介绍与说教，而是让读者跟随小主人公的眼光与心思，置身于一个真实的、鲜活的生活情景中，真正意识到危险的暗流涌动、想当然做法的不妥之处，并明白如何科学排除危险。这种讲故事的形式，连同"知识补给站""让我们想一想"等栏目，让孩子更有代入感，如身临其境一般，拥有真体悟，获得真经验，学到真本领，不仅能更好地保护自己，甚至能救他人一命。

这套书不只是讲给孩子听，对父母而言也颇有教益。我印象深刻的一件事是，十多年前骑车带儿子哲哲外出，他喜欢坐在后面跟我聊天。许是坐着交流不过瘾，他经常站起来和我说这说那。一次，他倾斜得比较厉害，一下子失去平衡，从后座上摔下来，还好后面的机动车距离较远，没有出意外，但这事让我很后怕。如果我早一点儿读到"保护自己有绝招"系列，看到有关骑行安全的介绍，有科学骑行的意识，就不会让孩子冒险。而类似的生活细节在书中多有涉猎，教我们及时躲过危机，平平安安。

在日益现代化的当下社会，安全隐患不是越来越少，而是越来越多，从道路交通、外出购物到人际交往、出国旅游，每个环节都要未雨绸缪，细心应对；稍有不慎，就可能自吞苦果。因此，越是处于繁华的都市，越要强化自己的安全意识，越要练就自己的自护能力。每个父母都是爱孩子的，每位教育者都希望孩子健康成长，但爱孩子分为很多种，孩子也需要多方面的成长帮助，其中不能缺少的就是安全教育课。

生命是一段长长的旅程，安全是走向远方的前提。要走好脚下的每一步，不妨翻翻这套《保护自己有绝招》，把安全隐患看在眼里，将安全要诀记在心上，我们和孩子方能放心去远行。

小学校长　**邢小萍**

很佩服可白老师，3本书48个精彩的故事，涵盖了生活中细微的安全常识和技能。每个故事结束后，还提出几个关键问题让孩子思考：学到了什么？碰到类似状况要如何应对？有些故事还附有"知识补给站"，让孩子扩大学习的范围，真是超级实用！

在现代化社会，"教孩子保护自己"不可或缺，让我们一起重视并通过故事来提升孩子的安全保护能力！由衷推荐这套《保护自己有绝招》！

新闻主播　哈远仪

　　日常生活中，难免遇见大大小小的关乎我们生命安全的问题，可是不见得每个成年人都能想出应对的好办法！《保护自己有绝招》这套书提供的绝招非常实用。不管您是小朋友还是成年人，想学习自保或教孩子防身，这套书是我心中性价比最高的安全教育教材，推荐您也来学几招！

专栏作家　陈来红

　　我同意保护孩子的最好方法是教他们如何保护自己。可又不禁迷惘，一只"小鸡"就算非常善于应对，又如何能应付得了"老鹰"呢？

　　这样的悲观是想提醒父母，在孩子未成年之前，什么年龄可以独处在什么环境；什么状况不适宜让体力柔弱、智慧未开的孩子单独面对。如果缺乏这样的思考，会非常危险，也是不负责任，甚至违反《未成年人保护法》的。对于还没有如此警觉的父母，本书提供了父母与子女讨论的情境，万分难得。